INSTITUT IMPÉRIAL DE FRANCE

ACADÉMIE DES SCIENCES

IXe SECTION-ÉCONOMIE RURALE.

PLACE VACANTE PAR SUITE DU DÉCÈS DE

M. RAYER

Candidature d'Auguste-Pierre DUBRUNFAUT

Chevallier de la Légion d'honneur, Associé de la Société impériale d'Agriculture, Membre du Conseil d'Administration de la Société de Secours des Amis des Sciences, Membre de la Société d'encouragement pour l'Industrie nationale, Ancien membre de la Commission des Valeurs, Membre des Sociétés d'Arras, Lille, Munich, Le Puy, Angers, St-Étienne, Lyon, Valenciennes, Bruxelles, etc.

PARIS

TYPOGRAPHIE WALDER

RUE BONAPARTE, 44.

1868

AVERTISSEMENT.

Pour faciliter à Messieurs les Académiciens l'examen des titres qui justifient notre candidature, nous avons divisé cette notice en quatre parties distinctes.

La première est une lettre explicative et justificative des bases qui nous ont servi pour discuter nous-même et pour nous-même nos titres académiques.

La seconde, sous forme de lettre à MM. les Académiciens, leur donne une analyse plus ou moins sommaire de nos travaux et de nos publications scientifiques, agricoles et industrielles.

La troisième se compose de notes, éclaircissements et développements à l'appui de la lettre précédente.

La quatrième, enfin, expose, dans l'ordre chronologique, les publications, les travaux accomplis et les distinctions qu'ils ont values à leur auteur.

La lecture de nos deux lettres pourra suffire pour éclairer la religion de Messieurs les Académiciens qui connaissent peu ou qui ne connaissent pas nos travaux.

La lecture de notre première lettre pourra même suffire à éclairer la religion des membres de l'Académie qui sont, à juste titre, économes d'un temps précieux que la science réclame impérieusement.

PREMIERE LETTRE

A MESSIEURS LES ACADÉMICIENS

SERVANT D'INTRODUCTION A LA PRESENTE NOTICE.

Messieurs les Académiciens,

Une candidature académique implique dans le candidat la conscience de sa dignité, elle lui impose l'obligation de la justifier ; c'est le devoir que nous remplissons aujourd'hui.

Nous admettons que la science doit former la base des titres académiques. Les titres de science de premier ordre peuvent seuls justifier une candidature dans vos sections scientifiques régulièrement classées ; la section d'économie rurale et d'art vétérinaire ajoutée à l'ancienne Académie des sciences, par le décret de l'an III, peut seule déroger à la règle commune, attendu qu'elle s'applique à des arts, qui, malgré leur importance, n'ont pu encore être élevés au rang de véritables sciences.

De là sans doute, Messieurs, les difficultés incessantes que vous éprouvez pour combler dignement les vides qui se produisent dans votre section d'économie rurale et d'art vétérinaire. De là aussi les difficultés que rencontrent les candidats pour reconnaître et établir la valeur de leurs titres.

Vos traditions, conformes à l'esprit qui a dirigé les fondateurs de l'Académie des sciences, établissent que votre section d'économie rurale a le privilége de se recruter parmi les hommes honorables dont les travaux scientifiques ont contribué ou peuvent le plus contribuer au progrès de l'art agricole et de l'art vétérinaire.

La question ainsi posée se réduit à des termes fort simples, et c'est la méthode que nous avons cru devoir admettre pour examiner la validité de nos titres et l'opportunité de notre candidature. Cet examen consciencieux nous ayant été exclusivement favorable, nous n'avons pas hésité, dès ce moment, à nous présenter devant vous et à revendiquer, comme un droit, l'honneur insigne de vous appartenir.

Ce droit, nous croyons le posséder à un double titre :

Nous le possédons par la science que nous avons cultivée avec quelque succès ;

Nous le possédons surtout par les services que le culte religieux de la science nous a permis de rendre aux arts, et notamment à l'art agricole, par un demi-siècle de travaux persévérants et non interrompus.

Ces services sont de notoriété publique ; ils sont enregistrés dans des documents authentiques qui serviront de base à l'histoire des arts, et nous ne conservons nul doute sur les droits qu'ils nous concèdent.

Nos travaux, n'ayant pas été exécutés dans un but académique, n'ont sans doute pas la forme et la distinction que comportent vos usages et vos habitudes ; cependant, tels qu'ils sont, nous les croyons dignes de vous être présentés.

Rédigés sans soin ou accomplis sans vues ambitieuses, ils ont reçu, de l'expérience et du temps, la seule consécration qu'ils pussent ambitionner : celle d'avoir touché glorieusement le but qu'ils se proposaient et d'avoir rendu à la science, aux arts, à l'industrie, des services qui ne sont pas méconnus, puisqu'ils ont déjà reçu d'honorables distinctions.

Nous vous les présentons avec confiance à l'appui de cette notice qui restera, nous l'espérons, comme table des matières d'une vie exclusivement consacrée au travail et à l'amour de la science.

Agréez, Messieurs les Académiciens, l'hommage du profond respect avec lequel nous avons l'honneur d'être,

Votre très-humble et obéissant serviteur,

DUBRUNFAUT.

NOTICE

SUR LES

TRAVAUX DE M. A.-P. DUBRUNFAUT.

L'homme qui se borne à récolter des mains de la nature n'est pas agriculteur.

(J.-B. Say, *Économie politique.*)

LETTRE

A MM. LES MEMBRES DE L'ACADÉMIE DES SCIENCES.

Messieurs les Académiciens,

Le but constant de tous nos efforts, celui que nous avons poursuivi activement et sans interruption depuis près d'un demi-siècle, celui qui a été couronné du plus grand succès, a été le progrès de l'*agriculture par l'industrie et le progrès de l'industrie par la science.* Ce but a été nettement défini dans notre Mémoire sur la saccharification des fécules, qui a été distingué en 1823, par la Société d'agriculture de Paris.

Dans ce Mémoire, en effet, nous avons énoncé et développé le principe agricole de la consommation sur place, et nous avons énuméré en détail les industries, qui, annexées à l'agriculture, peuvent faciliter l'application de ce principe (1).

Nous nous proposions de décrire toutes ces industries sous forme de traités; nous n'en avons publié que deux, savoir : un traité de distillation en 1824, et la fabrication du sucre en 1825 (2).

Nous nous sommes occupé des autres industries (la féculerie, la brasserie, l'huilerie, etc.) dans les publications que nous avons faites comme journaliste (3).

Notre Mémoire sur la saccharification des fécules portait pour épigraphe cette pensée, empruntée aux principes d'économie politique de l'un de nos maîtres, l'illustre J.-B. Say.

L'homme qui se borne à récolter des mains de la nature n'est pas agriculteur.

Cette pensée résume bien en quelques mots le principe de la consommation sur place, qui a été le thème favori de tous nos travaux, et nous l'avons souvent reproduite à dessein en tête de nos publications consacrées à l'agriculture et à l'industrie.

Le but principal de notre Mémoire sur la saccharification des fécules était d'éclairer l'art du distillateur et du brasseur, et malgré ses lacunes scientifiques, il a atteint son but en établissant nettement l'utilité et la fonction du malt (orge germée) dans les opérations industrielles connues sous le nom de *macération* et de *trempe*. Nous avons fait voir que le malt liquéfiait instantanément la fécule préalablement transformée en empois, puis la saccharifiait. Nous avons admis l'existence hypothétique d'une substance active, nous avons déterminé les conditions les plus favorables à son action; nous avons ultérieurement, vers 1830, démontré que cette substance était soluble dans l'eau en reconnaissant que l'infusion de malt agit comme le malt en grains, et nous avons admis hypothétiquement la constitution azotée ou albuminoïde de la matière active, ce qui n'a pas été confirmé par la découverte de la diastase; mais nos nombreux travaux ultérieurs ont pleinement justifié nos prévisions de 1830, et en nous permettant d'isoler du malt une matière beaucoup plus active que la diastase, ils nous ont offert les moyens de reconnaître, contrairement aux idées reçues, que cette matière était d'autant plus active qu'elle était plus azotée; nous avons pu ainsi reconnaître et démontrer que la diastase n'était qu'un produit complexe du malt altéré par les procédés de préparation.

Nos procédés de préparation de la nouvelle matière active du malt sont tels, qu'ils permettront certainement de la préparer manufacturièrement, tandis que la diastase est restée à l'état de mythe, à cause des difficultés et des imperfections de sa préparation.

Devons-nous dire que notre Mémoire de 1823, tout en éclairant les arts du brasseur et du distillateur de grains, ont fourni à la science une des plus curieuses expériences de cours : la liquéfaction instantanée de l'empois de fécule sous l'influence de l'infusion de malt, expérience qu'on attribue abusivement à MM. Payen et Persoz, parce qu'on la répète à l'occasion de la diastase.

Notre traité de fabrication de sucre de betteraves et les travaux qui l'ont suivi ont été le point de départ des plus grands progrès qu'a subis cette industrie. Nous avons contribué, en effet, par nos efforts à ramener cette industrie sur les bases du travail alcalin dont elle avait été éloignée par les travaux d'Achard et de Crespelle-Dellisse. Cette base solide, nous n'avons pas cessé de la défendre depuis et nous la défendons encore aujourd'hui. Nous avons, dès 1825, prédit avec certitude l'avenir de la sucrerie indigène, et nous avons déterminé nettement les conditions agricoles et industrielles qui assignent une supériorité à la betterave sur la canne pour la production du sucre.

Les éléments de cette prédiction ont été exclusivement empruntés à la science. Il nous a suffi, en effet, de faire l'application du principe de la consommation sur place, en considérant que la betterave et la sucrerie indigène, résolvent le grand problème posé par votre illustre collègue Morel de Vindé, tandis que la canne exploite le sol comme une mine sans lui rien rendre.

Les colons et les commerçants des ports nous riaient au nez, en 1824, quand nous affirmions que la France pouvait produire facilement, avec la betterave, les 40 millions de sucre qu'elle consommait alors et les produire à un prix inférieur à 53 centimes le kilogr., quand les colonies ne pouvaient le produire au-dessous de 60 centimes. Depuis, nous avons vu, en 1866-67, la France seule produire 272 millions de kilog. de sucre indigène, et nous l'avons vue vendre ce sucre à un prix inférieur à 53 cent. A la même époque, l'Europe, qui ne possédait en 1824, que les sucreries françaises, était arrivée à produire plus de 600 millions de kilogrammes de sucre de betteraves, et c'est à la France et non à la Prusse de Margraff et d'Achard qu'elle doit cet immense progrès agricole et industriel.

Si nous avons pu prévoir et deviner ce grand mouvement, si nous avons eu le mérite d'aider à son développement, de prendre une large part à sa réalisation, nous reconnaissons sans difficultés, qu'il a été l'œuvre collective de beaucoup d'efforts combinés. Votre savante compagnie elle-même y a participé avec distinction par les travaux de ses membres.

Deyeux, au commencement du siècle, vérifiait, par vos ordres, les procédés d'Achard. Parmentier, malgré sa sympathie pour les sirops de raisin, ne repoussait pas la betterave.

Dombasle et Chaptal ne dédaignaient pas de joindre l'exemple au précepte en décrivant et en pratiquant eux-mêmes l'industrie nouvelle.

MM. Payen, Braconnot et Pelouze publiaient d'utiles analyses de la betterave. MM. Bussy et Payen préludaient à leurs grands travaux scientifiques par d'excellents Mémoires sur les charbons décolorants. Morel de Vindé publiait une élégante solution du problème des assolements à l'aide de la betterave. M. Péligot éclairait la question des sucres par ses savantes recherches. MM. Biot, Mittscherlich ne dédaignaient pas de s'occuper de la question des sucres.

Pour ce qui nous touche personnellement, nous avons prédit l'immense succès de l'industrie, et nous n'avons pas cessé de travailler à ses progrès et à toutes les formes de ses développements.

En 1825, nous avons nettement posé le problème que l'on se propose dans l'opération épurative connue sous le nom de défécation.

Ce problème, nous avons eu le privilége d'en donner deux élégantes solutions scientifiques et industrielles : la première, en 1849, à l'aide du travail connu sous le nom de travail des sucrates, et l'autre, en 1854, à l'aide de l'épuration osmotique.

Avant 1830, nous avons découvert la transformation glucosique que le sucre de cannes subit sous l'influence du ferment alcoolique, et nous avons ainsi démontré l'utilité de l'alcalinite pour préserver le sucre de cette altération si fréquente dans les travaux des colonies et des raffineries. Cette propriété préservatrice de la chaux est due, comme l'a démontré M. Kuhlmann, à la stabilité qui est donnée au sucre dans sa combinaison saline avec la chaux. Nous avons démontré expérimentalement, que l'eau sucrée bouillie seule, transforme promptement son sucre en glucose, tandis que cette transformation est insensible dans l'ébullition effectuée en présence de la chaux. Ces observations étaient d'autant plus importantes, que la science croyait, avec le chimiste anglais Daniel, que la chaux altérait le sucre.

Nous avons fait voir, en 1825, que la production du sucre faite par l'agriculture à l'aide de la betterave, était liée à une production d'une partie de viande grasse pour quatre parties de sucre, et que les fumiers ainsi produits restituaient au sol, avec les collets et les feuilles, la plus grande partie des produits prélevés par la racine sur l'atmosphèreet le sol. Il résultait de ces principes sanctionnés aujourd'hui par une longue expérience, que la culture de la betterave à sucre permet, non-seulement de supprimer la jachère, mais encore accroît les productions de toutes espèces, y compris celle des céréales qui entrent en assolement.

En partant du principe agricole qui nous a fait assigner une grande supériorité à la betterave sur la canne pour la production du sucre, nous avons assigné une infériorité de même ordre à la vigne pour la production de l'alcool vinique, et dès l'année 1845, nous avons recommandé énergiquement la substitution rationnelle de la betterave à la vigne pour cette production, et notre prévision s'est trouvée réalisée puisque, grâce à nos travaux antérieurs, les terres cultivées en betteraves sont aujourd'hui en possession de fournir au commerce de boissons, et à l'industrie, une quantité d'alcool plus grande que celle que fournissaient jadis les riches vignobles du Languedoc, et c'est presque exclusivement à nos travaux scientifiques et industriels que l'on doit cet immense résultat.

En effet, dès l'année 1831, dans une distillerie de fécule que nous avons organisée à la Ménagerie de Versailles, nous avions donné à la fabrication des alcools un degré de perfection qui était inconnu avant nous. En étudiant la saccharification sulfurique des matières amylacées, nous avions reconnu l'influence d'une ébullition suffisamment prolongée sur la transformation saccharine, et par suite sur la proportion d'alcool qui devait en être le résultat. Tel était l'effet utile de ce travail que le rendement alcoolique de 100 kilogr. de fécule de commerce qui n'avait pu précédemment franchir 15 à 20 litres d'alcool pur, avait pu être élevé par nos perfectionnements à 36 litres. Nos vins de sirop de fécule avait la force et la richesse des vins de raisins; les phlegmes produits par une première distillation étaient relativement purs, et nos rectifications fractionnées avec soin, donnaient des alcools d'une finesse telle, qu'ils pouvaient être considérés comme de l'alcool chimiquement pur.

Ces alcools, mêlés avec l'alcool Montpellier ou avec des Cognacs nouveaux, les affinaient en leur donnant des qualités qui ne sont ordinairement que le résultat du temps, et par suite, de pertes de produits considérables. Ces perfectionnements étendus aux alcools de mélasse, de betteraves et de grains, ont créé entre nos mains ce que l'on appelle aujourd'hui les alcools fins, et en mettant ces produits au niveau, ou même au-dessus des produits de la vigne, ils ont permis leur substitution à ces produits, et ils n'ont ainsi plus opposé de limite à leur fabrication.

C'est ainsi que la fabrication des alcools de mélasse qui pouvait à peine, avant nos travaux d'affinage, produire utilement 1,000 pipes d'alcool industriel à haut titre, en produit actuellement 70 à 80,000 pipes avec le seul résidu de la fabrication du sucre (la mélasse). Aussi, ce résidu qui valait à peine 3 fr. les 100 kilogr. en 1833, s'est-il élevé depuis, suivant le cours des alcools, de 12 à 25 francs, ce qui a joué un grand rôle dans la question économique et dans le progrès de l'industrie sucrière.

En 1831, nous avons découvert l'existence de proportions considérables de sels de potasse et de soude exploitables dans les mélasses, et dès 1836, nous avons basé sur ce fait une grande industrie qui est depuis longtemps exploitée, et qui a constamment élevé de 2 à 3 francs par 100 kilog. la valeur du résidu-mélasse.

Ces industries annexes, qui ont fécondé la sucrerie indigène et qui ont aidé si puissamment à ses progrès, on les doit, non-seulement à nos découvertes et à nos travaux scientifiques, mais encore à notre initiative personnelle comme industriel et comme commerçant, ainsi qu'en témoignent d'honorables attestations faites en 1854 par le commerce de l'entrepôt des vins de Paris, qui, depuis 1831, a assisté à toutes les phases de nos créations industrielles relatives à l'alcool.

Faut-il vous rappeler encore, ainsi que l'ont déclaré sciemment plusieurs de vos honorables collègues, MM. Dumas, Pelouze et Bussy, faut-il vous rappeler, disons-nous, que c'est à nos travaux que l'on doit la grande industrie de la distillation directe des betteraves? Cette industrie, que nous avons préconisée dès 1845, a été mise utilement en pratique par nous dès l'année 1852. C'est à l'aide de l'acide sulfurique convenablement dosé et employé que nous avons rendu régulières et possibles les fermentations de moûts de betteraves sans l'aide de ferment de bière, et il est démontré par des documents authentiques que les fermentations de betteraves ne sont ni possibles ni utilement praticables sans l'intervention de l'acide sulfurique dont nous avons fait connaître l'emploi en 1825, sans indiquer les dosages que nous avons spécifiés en 1852.

Vous le voyez, Messieurs, ce sont nos travaux de 1831 et 1834 qui ont créé la grande industrie des alcools purs, dits alcools fins. Ce sont nos travaux de 1852, aidés de notre découverte de 1825, qui ont créé la distillation directe de betteraves, c'est donc de nos découvertes, de nos travaux et de notre initiative personnelle qu'est sortie cette immense industrie qui fait sortir aujourd'hui de la betterave, à l'aide de la culture assolaire, les 100,000 pipes d'alcool que l'on demandait jadis à une plante vivace qui prend tout un sol sans rien lui restituer et sans produire d'autre résultat utile.

Si l'on considère en outre le lien étroit qui rattache ces résultats à la sucrerie indigène, soit par le résidu-mélasse qui sert à la distillation, soit par la fabrication des salins que nous avons annexée à cette industrie, l'on reconnaîtra que de ce chef seul, nous avons fourni à la sucrerie indigène les plus puissants éléments de prospérité et de progrès. Rapprochez ces résultats des services que nous avons rendus à la sucrerie, soit par l'osmose, soit par les sucrates, soit par nos publications techniques effectuées depuis quarante-cinq ans, et voyez si, parmi les hommes morts ou vivants, il en est un qui depuis la découverte du sucre indigène, ait rendu, directement ou indirectement, plus de services à l'économie rurale.

Ces titres seuls ne suffiraient-ils pas pour nous assigner au milieu de vous l'honorable place que nous ambitionnons dans la section d'économie rurale?

Ces titres, malgré leur valeur et leur importance au point de vue de la richesse agricole et de la richesse publique, pourraient échapper aux attributions de l'Académie des sciences, en ce sens que la science, et non l'art, doivent former la base essentielle du droit au partage de vos travaux.

Sous ce rapport encore, nous croyons vous appartenir par les liens étroits de la science, et les titres que nous énumérons à la fin de cette notice en fourniront plus d'une preuve. Permettez-nous de vous les rappeler.

Avant 1830, en cherchant à faire de la fermentation alcoolique une méthode saccharimétrique usuelle, nous avons observé qu'il était impossible, de quelque manière qu'on s'y prît, d'arriver à faire l'équation expérimentale du sucre avec de l'alcool et de l'acide carbonique, conformément aux formules de Lavoisier, reproduites par Gay-Lussac. Le rapport de l'alcool et de l'acide carbonique se présente bien approximativement tel qu'il est indiqué par les formules, mais il y a toujours un déficit, et ce déficit est constant pour chaque espèce de sucre. Nous avons donné le chiffre 0,45 (agric. manufact., 1831) pour coefficient pondéral du sucre de canne en alcool pur, quand les formules de Gay-Lussac portait ce chiffre à 0,51. Nous avons constaté qu'il se forme toujours, dans ce cas, un acide dont nous avons déterminé l'équivalent sulfurique, en supposant, d'après d'autres observations, que cet acide était l'acide lactique. Nous avions aussi observé que le ferment augmente toujours de poids en même temps qu'il perd sa constitution azotée. Gay-Lussac avait été fort surpris de ces résultats. Nous avions constaté, à la même époque, que l'alcool amylique était un produit constant des fermentations industrielles de fécule, de mélasse, de grains, etc. Nous avons recueilli ce produit dès 1835 à 1836, dans nos distillations industrielles, et nous en avons remis des échantillons à MM. Gay-Lussac, Dumas et autres chimistes.

Ainsi, pour nous, dès cette époque reculée, la fermentation alcoolique n'était pas un phénomène aussi simple que l'admettaient la science et les formules, et le déficit de la fermentation du sucre de canne était aggravé par une autre découverte que nous avons faite à la même époque. Nous voulons parler de la non-fermentescibilité directe du sucre de canne sous l'influence du ferment de bière et de sa transformation préalable en glucose.

Ainsi, dans ce cas, le sucre $C^{12} H^{11} O^{11}$, s'assimilait un équivalent d'eau pour devenir le sucre fermentescible, $C^{12} H^{12} O^{12}$, et c'était véritablement à ce sucre que s'appliquait le dédoublement alcoolique.

Plus tard, quand Cagnard-Latour et Turpin eurent fait connaître leurs observations sur l'organisation du globule de levûre et sur sa reproduction par gemmes ou par séminules, nous pûmes expliquer nos observations sur la fermentation alcoolique, avec ce que nous avons appelé, à juste titre, la théorie physiologique de la fermentation alcoolique, et nous pûmes expliquer le déficit constaté par les exigences de la vie et de la reproduction du ferment dans l'acte même de la fermentation (sucrage des vendanges, 1854, p. 18).

En considérant la constitution azotée du ferment alcoolique bien constitué qui s'identifie presque avec les organes des animaux inférieurs, et en considérant l'espèce de locomotion imprimée nécessairement aux globules par le dégagement d'acide carbonique, nous nous sommes demandé si le dédoublement énorme de sucre produisant l'acide carbonique ne serait pas pour le globule, considéré comme animal inférieur, un mode de locomotion utile à la recherche de son aliment dans le milieu où il vit et se reproduit; nous soumettons cette hypothèse à la haute sagacité de M. Pasteur.

Un autre fait important qui se rattache à cette manière de voir découle de la composition du sucre de canne interverti, et c'est encore à nos travaux et à nos découvertes que la science doit ces observations.

M. Biot, en observant le pouvoir moléculaire dextrogyre du sucre interverti et en observant que ce sucre, en se mamelonnant sous l'influence du temps, donne un véritable glucose de raisin à rotation dextrogyre, avait admis une transformation moléculaire produite dans ces conditions.

En étudiant avec soin ces faits, vers 1845, nous avons fait cette découverte inattendue, que le sucre interverti était formé de deux sucres à rotations antagonistes, l'un dextrogyre qui était le glucose mamelonné connu, et l'autre lévogyre qui se trouve être le sucre obtenu par MM. Bouchardat avec l'inuline.

L'observation de M. Biot s'expliquait ainsi tout naturellement, et le glucose mamelonné fourni par le sucre interverti était tout simplement un fait de cristallisation et non un fait de transformation moléculaire comme on l'avait supposé abusivement.

Nous avons pu établir aussi exactement la composition du sucre interverti en ses deux matériaux immédiats constituants, et rien, depuis n'est venu infirmer nos résultats vérifiés par M. Biot lui-même.

En examinant optiquement les moûts aux diverses phases de la fermentation alcoolique du sucre interverti, nous avons reconnu que les éléments saccharins n'étaient pas transformés uniformément par le ferment. Le sucre, qui disparaît le premier est optiquement neutre, et la composition de ce produit peut être représentée par des équivalents des sucres différents justifiant la neutralité quand le sucre qui est décomposé vers la fin de la fermentation est au contraire un sucre se rapprochant par son pouvoir rotatoire du sucre lévogyre pur.

On peut donc admettre dans ce cas une sorte d'action élective du ferment, elle accuserait une sorte de préférence affective qui se reproduit toujours dans le même sens et de la même façon. Le ferment lactique, d'après nos observations qui datent de 1847, manifeste des affections contraires, attendu que son action initiale se porte de préférence sur le sucre dextrogyre. Nous avons décrit ces fermentations caractéristiques sous le nom de fermentations électives, voulant désigner par là ce fait que nous admettions dans notre théorie physiologique de la fermentation, que le ferment considéré comme espèce organisée, choisit ses aliments dans le milieu où il vit.

Cette particularité donne une valeur de plus à notre hypothèse qui considérerait les globules de levûres comme des animaux inférieurs analogues aux zoophytes, en leur attribuant un mode de locomotion basé sur le dédoublement alcoolique et pouvant ainsi justifier ce dédoublement.

M. Pasteur, depuis nos observations, a étendu de la manière la plus remarquable l'action élective du ferment de bière à une propriété de même ordre appliquée aux acides tartriques, droit et gauche, qui constituent l'acide racémique.

Devons-nous faire remarquer que M. Pasteur a, par ses savantes recherches sur les ferments, confirmé et développé presque toutes nos anciennes conceptions en même temps qu'il a rectifié ce qu'elles pouvaient avoir d'erroné, en y ajoutant les culminantes découvertes de la glycérine et de l'acide succinique.

C'est encore à nos recherches purement scientifiques que l'on doit la découverte originale et importante de la double rotation du glucose mamelonné. Cette observation d'une propriété moléculaire, qui appartient aussi au glucosate de sel marin, a été unique dans la science jusqu'à ce que nous l'ayons découverte dans le sucre de lait, et elle nous a fourni les bases rationnelles de conjectures fort importantes pour la science sur les modifications profondes que les corps cristallisés ou amorphes peuvent subir dans les phénomènes si peu connus de la dissolution.

C'est encore à nos recherches que l'on doit la distinction importante qui existe entre les glucoses mamelonnés de fécule produits par les réactions du malt ou des acides qui nous ont conduits à distinguer les glucoses par leurs pouvoirs rotatoires.

Après avoir constaté la richesse saline considérable des mélasses de betteraves et en avoir fait la base d'une industrie nouvelle, nous avons signalé, dès 1851, le parti avantageux qu'on pouvait tirer de ces faits pour la pratique d'une méthode que nous avons appelée mélassimétrique, et dont nous nous sommes servi avec avantage pour déterminer la valeur commerciale des sucres bruts et autres matières saccharifères. Cette méthode, qui est une innovation radicale dans l'industrie des sucres, a été adoptée par les raffineurs, et, après nous avoir fourni les éléments utiles à l'élucidation complète de toutes les particularités qui se rattachent à la question si complexe des sucres, elle est en voie de se généraliser dans tous les rapports du commerce et de l'industrie; nous croyons encore avoir, sous ce rapport, rendu un service signalé à l'industrie sucrière, et par suite, à l'agriculture dont la méthode mélassimétrique peut contrôler les betteraves et les diverses méthodes pratiquées pour les cultiver.

La solution récente que nous avons donnée récemment sur la question des sucres, jadis inextricable (Journal des fabricants de sucre), est basée exclusivement sur des études saccharimétriques scientifiques, et elle restera comme un exemple remarquable de l'application de la science aux questions de commerce, d'agriculture et d'industrie.

L'essai d'analyse de la betterave que nous avons publié en 1825, à la suite de notre traité de fabrication de sucre, est le travail qui a fourni le plus de lumières, soit à la science, soit à l'industrie. C'est là que nous avons déterminé expérimentalement la nature des réactions colorées diverses qui se produisent dans les sucs ou dans les racines exposées à l'air, après avoir été coupées ou déchirées par les instruments de travail. Nous avons constaté qu'il y avait là un phénomène d'oxydation d'une matière particulière aux racines; que cette oxydation était favorisée par la présence des alcalis et entravée par la présence des acides. Nous avons reconnu depuis que cette matière, généralement répandue dans le règne végétal, était une matière azotée analogue à l'indigo blanc.

Nous avons constaté dans le même travail la présence en quantité notable de l'acide oxalique à l'état d'oxalate soluble dans les racines, et cette observation a été confirmée depuis par M. Pelouze; elle pourra sans doute aider à fournir des lumières sur le mode de formation du sucre dans les racines.

Plus tard, nous avons été conduit, à l'aide d'observations optiques rapprochées d'autres observations inductives, à admettre l'asparagine au nombre des matériaux immédiats de la betterave, pouvant ainsi expliquer la production de l'ammoniaque dans la défécation alcaline par suite de la transformation de l'asparagine en acide aspartique. Cette interprétation, d'abord niée par les Allemands, a été confirmée en Allemagne même par le Dr Scheibler, qui a trouvé l'acide aspartique au nombre des matériaux immédiats du résidu-mélasse.

Il nous est donc permis de croire que c'est surtout à nos travaux, à leur ensemble et à leur coordination systématique que la science doit ses connaissances les plus positives sur le sucre de canne et ses congénères, de même que sur la source qui les produit et sur les résidus qu'elle fournit. A ce point de vue, nos travaux industriels, éclairés par la science, ont reflété sur celle-ci de vives lumières qui ont à leur tour contribué largement à ses progrès.

Si nos travaux scientifiques et industriels se sont concentrés surtout sur deux grands produits de l'agriculture et de l'industrie : les sucres et l'alcool, l'importance agricole, commerciale et économique que présentent ces deux grands produits alimentaires, et les succès inespérés que nous avons obtenus, sont une justification suffisante de notre préférence et de notre choix. Cependant nous ne sommes pas resté étranger au mouvement scientifique et industriel général qui caractérise notre époque, et nos publications le prouvent surabondamment.

Ainsi, nous avons créé, de 1840 à 1845, dans notre usine de Bercy, des procédés nouveaux de fabrication de prussiate de potasse à l'aide des chiffons de laine et des salins de betteraves, et nous avons pu élever dans ce travail le rendement des chiffons à 10 p. cent, alors qu'il n'était que de 4 à 5 dans les autres établissements de même genre. Cette fabrication, prolongée jusqu'en 1848, était dirigée d'après des méthodes nouvelles, et elle nous permettait de livrer au commerce 300 kil. de prussiate par jour avec des qualités qui le faisaient rechercher. Ce prussiate, en effet, était diaphane, et il a pu ainsi servir aux savantes expériences optiques de votre illustre collègue Senarmont.

C'est dans ces travaux que nous avons pu vérifier la production indéfinie de l'ammoniaque avec l'azote de l'air atmosphérique en passant par le cyanogène. Nous en sommes restés là cependant de ces expériences qui ont été reproduites depuis comme renfermant les moyens de fournir à l'agriculture les sels ammoniacaux qui lui sont utiles.

En nous occupant, vers 1850, de la réduction du carbonate naturel de baryte par le charbon dans des fours à réverbère, nous avions observé la production constante d'un cyanure de barium, et cette observation nous avait fait espérer de pouvoir utilement résoudre le problème de la production économique des sels ammoniacaux que nous avions conçue antérieurement ; il n'en a rien été. Les frais de production excédaient la valeur des produits, et il nous a paru qu'il serait toujours peu rationnel de se servir d'un produit transitoire de grande valeur (un cyanure) pour arriver à un produit définitif de valeur moindre, l'ammoniaque. Ce sont là les considérations qui nous ont empêché de résoudre un problème agricole et industriel important que nous avons étudié dès l'année 1840, et qu'on a reproduit sérieusement dans ces derniers temps comme utile et nouveau.

C'est dans le même établissement de Bercy que nous avons créé la fabrication d'un glucose épuré de fécule propre à l'œnologie.

C'est encore dans cette usine que nous avons étudié et réalisé manufacturièrement la fabrication des acides gras par la distillation à vapeur surchauffée, et ce sont ces procédés qui ont été exploités d'après nos indications dans l'usine de MM. Masse, Tribouillet et Ce, à Neuilly (Seine).

C'est aussi à Bercy que nous avons pratiqué pour la première fois la distillation directe des betteraves que nous avons depuis réalisée en grand dans une usine de Chalon-sur-Saône et dans beaucoup de sucreries.

Vers 1845, nous avons organisé dans la même usine le raffinage rationnel des salins de betteraves, et pendant plusieurs années nous avons livré au commerce des potasses caustiques raffinées, façon Amérique, qui ont eu un grand succès, et que le commerce acceptait à l'égal des potasses d'Amérique elles-mêmes.

En poursuivant nos études scientifiques à mesure qu'elles nous étaient imposées par nos travaux industriels, nous avons découvert, en 1853, les bases de l'analyse par endosmose dont nous avons fait récemment, avec un très-grand succès, une première et utile application à l'épuration et au travail des sucres.

En 1856, nous avons communiqué à votre savante compagnie divers travaux scientifiques sur l'acide tartrique, le sucre de lait, l'inuline, le glucose mamelonné, le sucre interverti et sur la chaleur et le travail mécanique développés dans la fermentation alcoolique. Ces communications renferment toutes des faits nouveaux et importants pour la science; ils auraient pu fournir la matière de nombreux

Mémoires et prendre ainsi une forme qui vous eût permis peut-être de les admettre dans votre recueil de savants étrangers, nous n'en avons rien fait. Voici une analyse succincte de ces notes :

M. Biot, l'auteur de ces conceptions, dans le but de créer une mécanique chimique, avait cru trouver une démonstration des combinaisons chimiques indéfinies dans les rotations des dissolutions de l'acide tartrique et des composés tartroboriques, qui varient incessamment avec les proportions d'eau de dissolution, et il trouvait dans ces faits des arguments pour battre en brèche la loi des proportions chimiques définies. Notre note sur l'acide tartrique démontre que la combinaison tartroborique a un pouvoir rotatoire invariable et constant, quelle que soit la proportion d'eau dans laquelle elle est dissoute, si l'on a soin de satisfaire à la condition de saturation de l'eau par l'acide borique. Par conséquent, l'acide tartrique, dans ces conditions, a un pouvoir rotatoire constant et proportionnel au poids de cet existant dans la masse liquide, quand la condition de saturation du liquide en acide borique est satisfaite. Ce travail fournit donc de vives lumières à la théorie des actions moléculaires dont les propriétés rotatoires sont des manifestations si évidentes et si dignes des méditations des savants.

La note sur le sucre de lait signale la double rotation de cette substance et l'impossibilité d'obtenir, à l'aide d'une ébullition prolongée dans l'eau aiguisée d'acide sulfurique, le sucre fermentescible qu'on obtient avec l'acide sulfurique moins dilué. Dans le cas en question, cependant, la lactine devient fermentescible, et son pouvoir rotatoire a changé. Nous signalons dans la même note les actions moléculaires différentes révélées par les propriétés rotatoires différentes produites par l'acide nitrique sur la gomme et la lactine dans les conditions qui donnent toutes deux naissance à l'acide mucique; le déplacement du plan de la polarisation primitive s'effectue dans les deux cas dans le même sens, quoique les deux produits aient des pouvoirs rotatoires de sens différents. Ces observations offrent donc comme celles des combinaisons tartroboriques un grand intérêt pour la chimie moléculaire.

La note sur l'inuline fixe mieux que tous les travaux antérieurs, l'état de nos connaissances sur cette curieuse substance qui a tant d'analogie avec la fécule. Nous avons fixé sa véritable composition chimique pour laquelle on avait des nombres différents. Nous avons déterminé nettement ses différents degrés d'hydratation, et nous avons reconnu à sa solution la singulière propriété qui est connue sous le nom de sursaturation en attribuant à cette propriété son interprétation la plus logique et la plus vraisemblable. Ce serait une constitution moléculaire modifiée par la dissolution, analogue à celle qui se révèle par la double rotation que nous avons découverte dans le glucose mamelonné et la lactine. Il resterait à découvrir comment l'agitation ou un cristal de même espèce non modifié par la dissolution peuvent faire cesser instantanément la sursaturation, et c'est ce qu'aucun travail connu n'a produit. Néanmoins, nos observations faites à l'occasion de la sursaturation des dissolutions d'inuline rapprochées des doubles rotations connues, donnent à ces phénomènes une liaison et un intérêt nouveau, en les subordonnant à une seule et même cause qui serait une modification moléculaire profonde produite par la dissolution. Cette modification se produirait dans la constitution d'une même substance chimique solide (amorphe ou cristallisée) par le seul fait de la dissolution.

M. Béchamp avait cru reconnaître que la double rotation découverte par nous dans le glucose mamelonné était due à un état d'hydratation différent, et il admettait que, lorsque le glucose cristallisé $C^{12} H^{14} O^{14}$ était ramené par la chaleur à la composition $C^{12} H^{12} O^{12}$, il perdait sa double rotation. Nous avons prouvé que cette interprétation des faits est erronée, et que lorsqu'on prive par dessiccation convenable le glucose $C^{12} H^{14} O^{14}$ de deux équivalents d'eau sans le fondre, ce qui est très-facile, il conserve sa rotation double. L'erreur de M. Béchamp était donc une erreur de fait, il avait fondu le glucose en le desséchant, et il avait ainsi ramené son pouvoir rotatoire à celui du glucose dissous.

Notre travail sur le sucre interverti a pour but de faire connaître exactement sa composition et le dédoublement moléculaire auquel elle est subordonnée. Nous établissons par des faits, que le sucre de canne, après s'être assimilé un équivalent d'eau, se dédouble de manière à donner naissance à deux demi-équivalents de glucose ayant la même composition chimique, mais doués de pouvoirs rotatoires de signes différents. Nous établissons encore, d'après les indications de la fermentation élective que nous avons fait connaître, nous établissons, disons-nous, que, dans la première période de la fermentation alcoolique, le sucre qui se décompose en fournissant un aliment au ferment, est un composé formé de deux équivalents de glucose à droite, combinés avec un équivalent de glucose à gauche. Le composé de sucre interverti, qui est décomposé dans la seconde période de la fermentation, est au contraire formé de deux équivalents de glucose liquide et d'un équivalent de glucose mamelonné.

Notre Mémoire sur la chaleur et la force mécanique développées par la fermentation vineuse offre un premier et remarquable exemple de l'utile application que l'on peut faire de la théorie mécanique de la chaleur dans l'étude des phénomènes chimiques, et il est probable que notre travail en faisant comprendre l'importance de ce genre d'études tout nouveau, ouvrira une nouvelle carrière à la science. A l'occasion de ce travail, nous avons appelé l'attention des agronomes sur un rôle important des fumiers et des engrais que l'on a trop exclusivement considéré au seul point de vue de leur décomposition chimique, sans se préoccuper de la chaleur parfois considérable qu'ils développent et qui joue un rôle si remarquable dans la culture maraîchère.

En 1864, nous avons publié dans les *Mondes*, une note que nous avions en portefeuille depuis 1850, sur la théorie de la fabrification de la soude par le procédé de Leblanc. Nous avons démontré dans cette note, à l'aide de quelques expériences simples, que la théorie ingénieuse des oxysulfures n'était pas indispensable à l'explication des faits, ainsi que des savants éminents l'avaient cru, et qu'on se rendait parfaitement compte de ces faits en admettant la simple transformation du sulfate de soude, d'abord en sulfure de calcium, puis en carbonate ou en soude caustique. Cette théorie a été confirmée par les travaux de M. Scheurer-Kesner et justifiée par les vérifications de M. Pelouze.

Pressé par le temps, nous arrêtons ici l'analyse de nos travaux scientifiques, agricoles et industriels, nous les compléterons par une troisième lettre si les circonstances nous le permettent.

Nous publierons en même temps l'analyse de nos travaux inédits, et ces travaux, fruits de longues études, de longues méditations et de longues recherches, auront peut-être un cachet scientifique plus décidé et plus digne de vous que celui qui vous est présenté aujourd'hui. Nous ajournons aussi, faute de temps, la publication des notes, éclaircissements et développements que nous comptions publier à la suite de cette lettre.

Agréez, Messieurs les Académiciens, l'assurance du profond respect avec lequel j'ai l'honneur d'être.

Votre très-humble et obéissant serviteur,

DUBRUNFAUT.

Paris-Bercy, 17 février 1868.

PUBLICATIONS

SCIENTIFIQUES, INDUSTRIELLES ET AGRICOLES

présentées dans l'ordre chronologique.

1821. — Sur la fabrication des eaux-de-vie de grains et sur la qualité de l'eau la plus convenable à la fermentation alcoolique. (Annales de chimie et de physique, tom. XIX, p. 73.)

1823. — Mémoire sur la saccharification des fécules, présenté à la Société d'Agriculture de Paris pour le concours qu'elle a ouvert sur la culture de la pomme de terre et l'emploi de ses produits avec cette épigraphe :

> L'homme qui se borne à récolter des mains de la nature n'est pas agriculteur. (J,-B. Say, Econom. polit.)

Ce Mémoire a été distingué par la Société d'Agriculture, dans sa séance publique du 6 avril 1823. Il est imprimé dans les mémoires de cette Société, année 1823. Tom. XVIII, p. 146.

Le rapport dont il a été l'objet est imprimé dans le même volume, p. 56.

Ce Mémoire a été signalé avec éloges par M. Chevreul dans le rapport que ce savant a fait à l'Académie des sciences sur plusieurs mémoires présentés, ayant pour objet la fécule amylacée ou l'amidon. Ce rapport fait au nom d'une commission composée de MM. Dulong, Dumas, Robiquet et Chevreul, rapporteur, est inséré dans les nouvelles Annales du Muséum d'histoire naturelle, tom. III, 1834, p. 339, et l'analyse du mémoire , se trouve aux p. 256 à 260.

1824. — Traité complet de l'Art de la distillation, contenant dans un ordre méthodique les instructions techniques et pratiques les plus exactes et les plus nouvelles sur les préparations des boissons alcooliques avec les raisins, les grains, les pommes de terre, les fécules et avec tous les végétaux sucrés ou farineux.

2 vol. in-8°, avec planches gravées. — Paris, Bachelier.

Cet ouvrage, destiné aux industriels, se vendait chez l'éditeur 10 fr. — Et il a eu un tel succès qu'il a été traduit dans toutes les langues, contrefait en Belgique, et son prix s'est élevé dans le commerce au-dessus de 100 fr.

1825. — ART DE FABRIQUER LE SUCRE DE BETTERAVES, contenant : 1° La Description des meilleures méthodes usitées pour la culture et la conservation de cette racine. 2° L'exposition détaillée des procédés et appareils utiles pour en extraire utilement le sucre, suivi d'un essai d'analyse chimique de la betterave, etc., avec la reproduction de l'épitaphe du mémoire sur la saccharification.

> L'homme qui se borne à récolter des mains de la nature n'est pas agriculteur. (J.-B. Say, Economie politique.)

Un vol. in-8°, avec planches gravées. — Paris, Bachelier.

Cette publication a contribué à vulgariser et à propager la sucrerie dans les campagnes. Tous les succès que la sucrerie a obtenus depuis y sont prophétisés, et presque tous les perfectionnements réalisés aujourd'hui sont indiqués explicitement ou s'y trouvent en germes.

Si la valeur d'une publication est représentée par son succès en librairie, celle-ci n'a pas été au-dessous de celle du Traité de distillation, puisqu'il est de notoriété qu'après épuisement de l'édition, le livre qui se vendait 8 fr. chez l'éditeur a atteint le prix énorme 150 à 200 francs.

De 1823 à 1832. — Collaborateur pour les articles d'agriculture à l'encyclopédie moderne ou dictionnaire abrégé des sciences, des lettres et des arts, publié par Courtin, ancien magistrat. 24 volumes in-8°, plus 2 volumes de planches. — Paris, Mongié aîné.

De 1825 à 1830. — Rédacteur en chef de la 5me section (bulletin des sciences technologiques), du bulletin universel des sciences publié par la Société de propagation des connaissances scientifiques et industrielles, sous la direction du baron de Férussac, 11 vol. in-8°, avec planches.

1825 à 1830. — Collaborateur, pour la section des sciences, de la Revue encyclopédique ou analyse raisonnée des productions les plus remarquables dans les sciences, les arts industriels, la littérature et les beaux-arts, publiée sous la direction de Marc Antoine Jullien, de Paris.

1826 à 1829. — Publication avec Christian et Leblanc de l'Industriel, Journal principalement destiné à répandre les connaissances utiles à l'industrie générale ainsi que les découvertes et les perfectionnements dont elle est journellement l'objet.

8 volumes in-8°, avec planches.—Paris, librairie de l'industrie, rue St-Marc.

1829 à 1832. — L'Agriculteur manufacturier, journal des sciences mécanique, physique et chimique, appliquées à l'agriculture et aux arts qui s'y rattachent immédiatement, tels sont : les sucreries de betterave et de canne, les amidonneries, les féculeries, les brasseries, les distilleries, la meunerie, la fabrication des sirops de fécule et de raisins, des vins, des cidres des poirés, des vinaigres, des huiles, du beurre, des fromages, de l'indigo, des cafés indigènes, le travail des lins et des chanvres, le raffinage des sucres, etc., avec cette épigraphe :

> L'homme qui se borne à récolter des mains de la nature n'est pas agriculteur. (J.-B. Say, Economie polit.)

4 volumes, in-8° avec planches. — Paris, Bachelier et Mme Huzard.

Cette publication était le complément d'un enseignement spécial que l'auteur avait créé en 1827, rue Pavée, n° 1, au Marais, à Paris.

1840. — Pétition et notes adressées à la Chambre des pairs, à l'occasion de la loi des sucres, par une réunion d'agriculteurs, d'industriels et de commerçants du département de la Seine et de Seine-et-Oise, au nom d'une commission, composée de MM. Caffin d'Orsigny, président; Dailly, Chabert, Labiche, Ruelle, Pasquier et Dubrunfaut, secrétaire. — Brochure in-8°. Paris.

Est-il nécessaire de dire que ce travail a été fait entièrement par nous en qualité de secrétaire de la commission.

1845. — La vigne remplacée par la betterave, la pomme de terre etc., pour la production de l'alcool. Projet de distilleries annexées aux sucreries.

Brochure in-8°.

La 2me édition de cette brochure a été imprimée en 1854.

Cette publication a été la base et le point de départ de toutes les distilleries qui ont été créées depuis, soit par des industriels, soit par des agriculteurs, pour la distillation directe des betteraves avec la production de résidus propres à la nourriture du bétail.

1846. — Note sur quelques phénomènes rotatoires et sur quelques propriétés des sucres (comptes rendus des séances de l'Académie des sciences. Tom. XXIII, p. 38), et annales de chimie et de physique. 3e série. Tom. XVIII, p. 99).

1847. — Note sur une propriété analytique des fermentations alcoolique et lactique et sur leur application à l'étude des sucres (comptes rendus, tom. XXV, p. 308, et annales de chimie et physique, tom. XXI, p. 169).

Note sur les glucoses (comptes rendus, tom. XXV, p. 308, et annales de chimie et de physique, tom. XXI, p. 178).

1849. — Mémoire sur les sucres (comptes rendus, tom. XXIX, p. 51).

1851.—Note sur la saccharimétrie (comptes rendus, tom. XXXII, p. 243).

Id. id. (id. Id. p. 857).

Note sur les sucrates insolubles et sur leur application à la fabrication du sucre cristallisable (comptes rendus, tom. XXXII, p. 498).

1854. — SUCRAGE DES VENDANGES avec les sucres raffinés de canne, de betterave, etc., ou vues sur cette méthode industrielle de vinification considérée comme moyen de régulariser la qualité des vins au niveau des vins des grandes années, et d'en augmenter au besoin la quantité dans les années de récoltes mauvaises ou insuffisantes. Avec ces épigraphes :

> Les créations de l'homme sont encore l'œuvre de Dieu. (Malebranche).
> L'expérience double les richesses en les partageant. (Nau de Champlouis.)

Brochure in-8° de 5 feuilles. Paris Mme Bouchard Huzard.—Deux éditions dans la même année.

—Notice sur la fabrication des alcools fins dits alcools fins fécule, betteraves ou autres, suivie de renseignements sur la direction à donner aux distilleries de betteraves, avec cette épigraphe :

> Lorsqu'un procédé industriel est créé, lorsque l'on connaît dans tous leurs détails les circonstances qui concourent au succès et celles qu'il faut éviter, on ne sait pas ce qu'il en a coûté de tâtonnements et d'épreuves infructueuses pour arriver à ce résultat.
> (C.-J.-A. Mathieu de Dombasles.)

Brochure in-8°, Paris.

— Instruction sur les améliorations à introduire dans la distillation des betteraves dans la campagne de 1854-1855.

Brochure in-8°, Paris, Mme Bouchard-Huzard.

Suppression des disettes par l'impôt, ou suppression des disettes par les réformes agricoles, réformes agricoles par les réformes alimentaires et réformes alimentaires par les réformes fiscales.

Avec cette épigraphe :

> Le pain est le type de la matière imposable.

1855. — Sur l'osmose et ses applications industrielles (comptes rendus des séances de l'Institut, tom. xli, p. 834).

Note sur la vision (comptes rendus, ibid. p. 1087).

1856. — Note sur l'acide tartrique (comptes rendus, tom. xlii, p. 112).

Note sur le sucre de lait (ibid., p. 228).

Note sur la rotation variable du glucose mamelonné de raisin (comptes rendus, tom. xlii, p. 739).

Note sur l'inuline (ibid., p. 803).

Note sur le sucre interverti (ibid., p. 901).

Note sur la chaleur et le travail mécanique développés par la fermentation vineuse (comptes rendus, tom. xlii, p. 945).

1856. — Mars. — Notice historique sur la distillation des betteraves, Avec cette épigraphe :

> Choix de moyens est invention. (Voltaire.)

Un vol. in-8°, Paris, Malteste.

1854. — Théorie du procédé de Leblanc, pour la fabrication de la soude. (Les *Mondes,* t. IV, p. 612.)

1866. — Note sur la diffusion et l'endosmose (comptes rendus, tom. LXIII, p. 838).

— Observations sur la dialyse et l'endosmose en réponse à M. Th. Graham (ibid., p. 994).

— Mémoire sur la constitution de l'atmosphère presenté dans la séance de l'Académie des sciences du 19 novembre, et renvoyé à une commission composée de MM. Chevreul, Pouillet Regnault.

1867. — Note sur l'industrie de la sucrerie indigène, présentée dans la séance de l'Académie des sciences du 2 août et renvoyée à une commission composée de la section de chimie à laquelle sont adjoints MM. Boussingault et Payen.

— Note sur la présence et la formation du sucre cristallisable dans les tubercules de l'Hélianthus tuberosus (comptes rendus, tom. LXIV, p. 764).

1866 1867. — Lettres sur la saccharimétrie, sur la betterave, la canne, leurs produits, etc., etc.(Journal des fabricants de sucre; la Sucrerie indigène; et les Mondes de M. l'abbé Moigno.)

1866. — 31 Mai — Lettre sur le travail des sucres par les sucrates insolubles et notamment par le sucrate de baryte.

8 octobre et 16 novembre. — Sur l'application de l'osmose à l'épuration des substances saccharifères.

1867.—17 Janvier— Progrès accomplis dans l'industrie du raffinage des sucres depuis 50 ans.

14 Mars. — Sur l'application de l'osmose au travail des sucres.

28 Mars. — Sur la culture de la betterave à sucre et l'emploi des engrais chimiques dans cette culture.

11 Avril.— La saccharimétrie et les types administratifs des sucres.

18 Avril. — Sur la saccharimétrie appliquée à l'examen des betteraves et sur les engrais chimiques.

2 Mai. — Les types et les sucres devant la saccharimétrie.

16 Mai. — Le sucre n'est pas une matière imposable dans l'état actuel de la production et de la consommation du sucre indigèue en Europe. Projet de Zollverein européen.

23 Mai. — Sur les sucreries et les raffineries.

30 Mai. — La Genèse du sucre.

13 Juin. — Les types et les sucres devant la saccharimétrie.

27 Id. Les procédés de fabrication de sucre et leurs produits devant la saccharimétrie.

11 Juillet. — Le Zollverein et l'impôt du sucre.

25 Id. La sucrerie française et la sucrerie allemande à l'Exposition Universelle.

25 Juillet. — La sucrerie de betteraves en Russie.

1er Août. — 1er bulletin de l'osmose, sa théorie et ses applications.

15 Août. — La sucrerie de betterave en France et en Prusse.

29 — — La sucrerie, la raffinerie et le trésor devant la saccharimétrie. — Solution rationnelle de la question des sucres.

5 Septembre. — Sur la même question. — Explications, voies et moyens.

19 Septembre. — 2e bulletin de l'osmose.

3 Octobre. — La canne et ses produits devant la saccharimétrie.

24 Octobre. — 3e bulletin de l'osmose.

14 novembre. — Rapport sur les produits du concretor Fryer.

Décembre. — 4e bulletin de l'osmose : La Genèse agricole.

Nota. Nous ne citons toutes ces dernières publications que pour justifier notre affirmation sur la persévérance constante des travaux qui nous occupent depuis 50 ans, dans l'intérêt du progrès agricole.

TRAVAUX INDUSTRIELS

et services rendus à l'industrie et à l'agriculture.

De 1825 à 1830. — Professeur de chimie et de physique à l'école de commerce, aujourd'hui école de l'Etat.

1827 à 1831. — Enseignement spécial et privé, créé à Paris, rue Pavée, n° 1, pour la chimie appliquée à l'industrie agricole. Cet enseignement, qui a eu un grand succès, a compté parmi ses auditeurs beaucoup de notabilités industrielles et scientifiques, des élèves de l'Ecole polytechnique, et notamment le célèbre Sadi Carnot à qui l'on doit les premières notions sur l'équivalent mécanique de la chaleur.

1831. — Découverte de l'industrie des salins de betteraves. (Agriculteur manufacturier, tome III, p. 67 et 86).

1830 à 1831. — Exploitation de la sucrerie agricole de La Varenne St-Maur, en commun avec un agriculteur distingué, M. Caffin d'Orsigny.

1831, 1836. — Exploitation de la distillerie de la ménagerie de Versailles, créée par M. Ambroise Fessart, habile fermier du domaine royal de la Ménagerie, comme distillerie agricole.

C'est dans cette usine que M. Dubrunfant a créé l'industrie de l'affinage des alcools de toutes origines.

1834 à 1837. — Etablissement d'une distillerie de mélasses de betteraves à Douai (Nord). C'est là que M. Dubrunfaut a réalisé sur une grande échelle l'affinage des alcools-betteraves qui a fait entrer ces alcools dans la consommation générale en concurrence avec les produits de la vigne, et ces travaux ont été le point de départ des deux immenses industries qui existent aujourd'hui pour la fabrication des alcools, soit avec les mélasses, soit avec les betteraves.

1837 à 1843. — Création à Valenciennes en société avec MM. Hamoir,

Semal, Duquesne et Serret, d'une grande usine pour la fabrication des alcools de mélasses et des salins de vinasses conformément aux procédés découverts en 1831, et brevetés en 1837.

1837 à 1840. — Création d'une usine pareille à Bercy (Seine), en société avec MM. Caffin d'Orsigny et Antoine-Fessart.

1841. — Création à Bercy de la fabrication des acides gras par distillation à l'aide de la vapeur surchauffée, brevetée dans la même année et cédée depuis à MM. Masse Tribouillet et Ce, qui l'ont exploitée sur une grande échelle à Neuilly (Seine).

1845 à 1850.—1° Exploitation à Bercy d'un mode nouveau de fabrication de prussiate de potasse, qui avait élevé le rendement moyen des chiffons de laine de 5 à 10 p. 0/0 en prussiate diaphane (1); 2° Affinage des salins de betteraves et emploi des produits pour la fabrication du prussiate et pour la fabrication d'une potasse raffinée, façon Amérique, qui était fort recherchée dans le commerce. 3° Fabrication d'un glucose de fécule pur pour l'œnologie.

1849. — Expériences sur l'application des sucrates de baryte, de strontiane de plomb et de chaux par l'extraction du sucre des mélasses et brevet pour cette application pris le 23 juin 1849 (2); emploi nouveau des sulfures de barium et de strontium pour cette fabrication, en remplacement des hydrates.

1850. — Création de quatre usines pour la fabrication du sucre de mélasses, par la méthode des sucrates.

1° Chez MM. Lanet et Charbonneau, à Tournus (Saône-et-Loire);

2° Chez MM. N. Grar et Ce à Valenciennes;

3° A Lavillette avec les raffineurs de Paris, sous la direction de M. Edmond Guillon;

4° Chez M. Tilloy-Delaune, à Courrière (Nord).

(1) Le chiffon était imprégné de dissolutions concentrées de potasse, séché sur des tourailles et calciné à une haute température dans des creusets de terre réfractaire. Là était la cause principale du grand rendement, le cyanure de potassium ne se produisant bien qu'à une haute température.

(2) Ce brevet a été inscrit sous notre nom et celui de M. H. Leplay qui a été notre collaborateur pour la majeure partie des travaux exécutés à Bercy.

La hausse des mélasses, par suite de la hausse des alcools, a entraîné la suspension de ces travaux en 1852. L'usine de Courrière seule a pu être conservée depuis par suite de circonstances particulières. Elle produit utilement encore aujourd'hui 5 à 6,000 kil. de sucre blanc par jour, extrait de la mélasse libérée à l'aide du sulfure de barium ou de la baryte produite par la réduction du carbonate naturel anglais.

1852. — Annexion d'une distillerie de betteraves à la sucrerie de MM. Pétiot Bonardot et Ce, située aux Alouettes près Chalon-sur-Saône. C'est dans cet établissement qu'a été réalisée pour la première fois d'une manière utile et sur une grande échelle la distillation directe des betteraves ; et ce problème a été surtout facilité par l'emploi de l'acide sulfurique qui produit des fermentations alcooliques parfaites sans intervention de ferment de bierre. Cette fabrication a été organisée conformément aux procédés décrits dans un brevet pris à la date d'octobre 1852, et il est de notoriété que, sans les dosages d'acide spécifiés dans ces brevets, la distillation économique des betteraves eût été impossible, quels qu'eussent été d'ailleurs la marche suivie ou les procédés employés, ainsi que le prouvent l'expérience de beaucoup de distilleries de betteraves dites agricoles et des publications précises faites sur ce sujet par M. Dailly et par M. Reiset.

1853 à 1857. — Propagation des distilleries, sucreries, d'après les principes expérimentés à Chalon-sur-Saône.

1854. — Découverte de l'analyse osmotique consignée dans un brevet à la date de 1er avril. Cette découverte qui, appliquée à la mélasse, donne les bases et le premier exemple d'un mode nouveau d'analyse générale pratiquée à l'aide de l'endosmomètre de Dutrochet, a précédé de 8 années la dialyse de M. Graham, qui n'en est qu'un cas particulier fort restreint. Elle a été publiée en 1855, dans les comptes rendus, t. XLI, p. 43.

1863. — Construction de l'osmogène, ou appareil propre à multiplier à l'infini les surfaces actives utiles à l'application, de l'analyse osmotique à l'industrie.

De 1863 à 1867 | Développement de l'application de l'analyse osmotique avec osmogène dans les sucreries pour aider au perfectionnement de la culture économique de la betterave, à l'extraction de son sucre, et pour améliorer la qualité des sucres en même temps qu'on produit un accroissement de rendement prélevé sur le seul résidu mélasse (1).

(1) Cette application que l'on peut à juste titre considérer comme la base de l'un des plus grands progrès qu'ait subis la sucrerie indigène a été maladroitement confondue par les Allemands avec la dialyse qui ne trouve aucun élément d'utile application dans la sucrerie. Cette méthode a donc été considérée abusivement par quelques chimistes allemands comme n'étant ni nouvelle, en présence de la dialyse de Graham, ni utilement praticable. De là le dédain qu'elle inspire en Allemagne où l'on ne pardonne pas à son auteur d'avoir pris la défense de l'industrie sucrière française contre la décision du Jury international de l'Exposition universelle, qui a attribué injustement la grande médaille à l'industrie du Zollverein. La France paraît comprendre mieux et adopter ce mode nouveau et puissant d'épuration des liquides saccharifères, et nous pouvons citer comme l'ayant définitivement adopté les établissements suivants :

MM. Camichel et Ce à Saint-Clair-de-la-Tour-du-Pin (Isère).
Charbonneau et Dumont, à Tournus.
Beaupère et Ce à Chalon-sur-Saône (Saône-et-Loire).
Aug. Gonvion et Ce à Haussy (Nord).
Derveau Lefèvre et Ce à Wargnies-le-Grand (Nord).
H. Woussen et Ce à Houdain (Pas-de-Calais).
Abel Stievenart et Ce à Valenciennes.
Hette et Ce à Bresles (Oise).
Brabant frères, à Onaing (Nord).
Ch. Manuel et Ce à Collonge (Côte-d'Or).
Mariage Chermiset et Ce à Thiant (Nord).
Lalande jeune et Ce à Laneuville-Roy (Oise).
Clerckeyser et Ce à Roost Vanvarandin (Nord).
Bachoux et Ce à Francières (Oise).
Aug. Dumont à Chassart (Belgique).
Strevenart frères à Curgis (Nord).

TITRES DE MEMBRE

de Sociétés savantes, agricoles, industrielles ou autres

Membre de la Société d'encouragement pour l'industrie nationale sur la présentation d'Hachette et Sylvestre, depuis le 1er mai 1822.

Membre correspondant de la Société impériale et centrale d'Agriculture de Paris, depuis le 2 janvier 1824.

Membre correspondant de la Société d'Arras, pour l'encouragement des sciences, des lettres et des arts depuis le 12 mars 1824.

Membre correspondant de la Société des sciences, d'agriculture et des arts de Lille, depuis le 2 décembre 1826.

Membre correspondant de la Société d'agriculture de Munich, depuis le 24 mai 1826.

Membre correspondant de la Société d'agriculture, sciences, arts et commerce du Puy, depuis le 6 juin 1828.

Membre correspondant de la Société industrielle d'Angers et du département de Maine-et-Loire, depuis le 2 mai 1830.

Membre correspondant de la Société d'agriculture, sciences, arts et commerce, de St-Etienne (Loire), depuis le 28 juillet 1831.

Membre correspondant de la Société d'agriculture, histoire naturelle et arts utiles de Lyon, depuis le 3 août 1832.

Membre correspondant de la Société impériale d'agriculture, des lettres, des sciences et des arts de Valenciennes, depuis le 12 août 1831.

Membre de la Société centrale d'agriculture de Belgique, depuis le 10 mai 1857.

Membre de la Société d'acclimatation, depuis la fondation.

— — protectrice des animaux, depuis la fondation.

Membre de l'Association scientifique de France, depuis la fondation.

Membre de la Société de secours des amis des sciences, fondée par le baron Thenard, et membre de son Conseil d'administration.

Associé de la Société impériale d'agriculture de Paris depuis 1854.

Membre de la société protectrice des enfants employés dans les manufactures, etc., etc.

DISTINCTIONS HONORIFIQUES

1823. — Médaille d'or de la société d'agriculture de Paris, à l'effigie d'Olivier de Serre pour un mémoire sur la saccharification des fécules, présenté au concours pour la culture de la pomme de terre et l'emploi de ses produits.

1844. — Médaille d'argent à l'Exposition des produits de l'industrie.

1851. — Deux council-médal à l'Exposition universelle de Londres, distribuées à M. Numa Grar, de Valenciennes, qui représentait M. Dubruntaut pour l'industrie de la fabrication du sucre par la baryte et à M. Achille Duquesnes, qui le représentait comme inventeur de la fabrication des salins de betteraves.

Une médaille de 2e classe a été accordée dans la même exposition à MM. Masse et Tribouillet qui représentaient M. Dubrunfaut comme inventeur de la fabrication des acides gras par distillation à l'aide de la vapeur surchauffée.

1854. — Grande médaille d'or de la Société impériale et centrale d'agriculture de Paris, pour l'industrie de la distillation directe de betteraves, etc.

1854. — Grande médaille d'or de la Société d'encouragement pour l'industrie nationale, pour la distillation directe des betteraves, etc.

1855. — Grande médaille d'honneur de coopérateur à l'Exposition universelle de Paris.

1861. — Chevalier de la Légion d'honneur sur la proposition spontanée de M. le sénateur Dumas et du maréchal Vaillant.

Paris. — Typ. Walder, rue Bonaparte, 44.

www.ingramcontent.com/pod-product-compliance
Lightning Source LLC
LaVergne TN
LVHW012019160826
845678LV00002B/919

9782329662404